U0156390

漫游星系

美国世界图书出版公司（World Book, Inc.）著

郭晓博　译

机械工业出版社
CHINA MACHINE PRESS

浩瀚的宇宙引起我们无限的向往，可是你知道宇宙有多大有多少星系吗？知道它们都是什么星系吗？知道离我们最近和最远的是什么星系吗？知道它们是怎么形成以及怎么移动的吗？知道它们是怎么形成新星和怎么灭亡的吗？知道天文学家怎么研究星系怎么给它们计数吗？打开本书，一起探寻星系背后的秘密吧！

北京市版权局著作权合同登记 图字：01-2019-2309号。

图书在版编目（CIP）数据

漫游星系 / 美国世界图书出版公司著；郭晓博译 .—北京：机械工业出版社，2019.7（2024.1重印）

书名原文：Galaxies

ISBN 978-7-111-63446-1

Ⅰ.①漫… Ⅱ.①美…②郭… Ⅲ.①宇宙 – 青少年读物 Ⅳ.①P159-49

中国版本图书馆 CIP 数据核字（2019）第 175011 号

机械工业出版社（北京市百万庄大街22号 邮政编码100037）

策划编辑：赵 屹 责任编辑：赵 屹 黄丽梅

责任校对：李 杉 责任印制：孙 炜

北京利丰雅高长城印刷有限公司印刷

2024年1月第1版第11次印刷

203mm×254mm·4印张·2插页·56千字

标准书号：ISBN 978-7-111-63446-1

定价：49.00元

电话服务 网络服务

客服电话：010-88361066 机 工 官 网：www.cmpbook.com

010-88379833 机 工 官 博：weibo.com/cmp1952

010-68326294 金 书 网：www.golden-book.com

封底无防伪标均为盗版 机工教育服务网：www.cmpedu.com

目 录

序...4

前言...6

什么是星系?..8

宇宙中有多少个星系?.....................................10

关注: 星系群..12

什么是旋涡星系?...14

什么是椭圆星系?...16

什么是不规则星系?..18

关注: 怪异星系..20

星系喜欢"群居"吗?.......................................22

星系有多大?..24

哪个星系离我们最远?.....................................26

关注: 我们所生活的星系..................................28

哪个星系离我们最近?.....................................30

星系会四处移动吗?..32

星系移动的速度有多快?..................................34

星系发生过合并吗?..36

关注: 骇人的巨大碰撞.....................................38

谁发现了星系的存在?.....................................40

星系为什么会发光?..42

天文学家如何通过光研究星系?.........................44

天文学家如何为星系计数?...............................46

星系形成于什么时候?.....................................48

星系是如何形成的?..50

星系中会形成新的恒星吗?...............................52

现在有新形成的星系吗?..................................54

关注: 引力——星系"胶水"................................56

星系会死亡吗?..58

星系还有哪些未解之谜?..................................60

序

作为一名在天文领域从事研究二十余年的天文科研人员而言，很高兴近些年有很多不错的天文学作品出现，我一直关注这些作品，特别是科普作品。在过去的几年当中，也做了一些关于天文领域的科普宣传，很高兴能为天文学的科普事业做些事，如今受机械工业出版社的编辑邀请，为这套天文书写推荐序，我感到十分荣幸。

德国的伟大哲学家康德曾经说过："有两种东西，我对它们的思考越是深沉和持久，它们在我心灵中唤起的惊奇和敬畏就会日新月异，不断增长，这就是我头上的星空和心中的道德定律。"我以前碰到过一个资深的国际知名学术期刊的编辑，他说自己曾经做过统计，90%的小朋友对于两样事物很感兴趣，那就是星空和恐龙。无论对于成人还是孩子，了解星空的奥秘可以说是人类心中最原始的一种愿望。

这是一套包含了天文基本知识介绍并且图文并茂的书籍，从最想了解的宇宙知识到银河、再到恒星以及它们的故事，比如宇宙有多大？宇宙是如何产生的？望远镜可以看多远？什么是暗能量？什么是暗物质？等等。凡是我们通常有的疑问，几乎都可以在这套天文书中找到答案。

回想我自己对天文知识的学习，其实还是蛮不易的。小时候同其他的小朋友一样，对于天文很感兴趣，但是在书籍匮乏和经济落后的西北小镇，几乎没有太多的渠道获取最新的天文知识，听到的时常是各种科学谣言，也就是一些天文学名词外加编造出来的故事，很多时候，这些发生在天体当中的事情被说得玄而又玄。在这种情况下，我对天文学的兴趣还能保留下来，之后还考入南京大学系统学习天文学，现在想来着实不易。看了这套书，我时常在想，如果我能够像现在的孩子一样，在我最想了解星空的时候，拥有一套类似这样的天文书，将是何等幸福和满足，在愿望最强烈的时候得到科学的指引，也许能碰撞出更不一样的火花。愿这套书籍能够在读者最想了解星空的时候，帮助读者解答心中的疑惑，坚定理想，对未来充满希望。

尽管这套书针对的读者对象是青少年，不过对于那些同样对星空充满好奇心的成人而言，这套书也是非常不错的选择，是一套可以用来入门的轻松的天文读物，是可以家庭共享的一套书籍。

好书是良师更是益友，希望读者能够开卷受益。

苟利军
中国科学院国家天文台研究员
中国科学院大学天文学教授
《中国国家天文》杂志执行总编

前言

　　夜幕降临时，蜿蜒的银河就像一条光带横跨天际。古人认为它像泼出的牛奶汇成的河流。而今天，我们都知道银河实际上是一个星系，是一个由恒星、气体、尘埃和其他物质组成的巨大的天体系统。银河系看上去如此庞大，却不过是宇宙中数千亿个，甚至是数万亿个星系中的一员。

　　有些星系距离我们的银河系并不远。事实上，在最近几十亿年里，银河系吞噬了一些与它最近的星系，还有可能与另外一个大型星系发生过碰撞。有些星系与银河系之间的距离则远到令人难以想象。目前人类已观测到的最远的星系发出的光，要在宇宙中穿行130亿年才能到达地球。这些光在宇宙诞生后不久就离开了它们的家园。

布满尘埃、气体和恒星的巨大旋臂，从M74的明亮核心处向外蜿蜒而出。M74是一个与银河系非常类似的旋涡星系，它是少数几乎完全以正面朝向地球的星系之一。

什么是星系？

恒星、尘埃和气体

星系就像巨大、空旷的宇宙中的恒星岛。大多数星系中都有数十亿颗恒星。恒星是巨大的发光球体，它通过自身引力将气体和等离子体聚集在一起。太阳就是一颗恒星。

除了恒星，星系中还有大量的尘埃和气体。天文学家将恒星之间的尘埃和气体称为星际介质，由其组成的浓密云团叫作星云。星际介质中的大部分物质都是由像氢和氦这样的轻元素构成的，也有少量物质是由像氧和铁这样的重元素构成的。

不同的类型和大小

星系的类型和大小各不相同。有的星系只有不到10万颗恒星，而有的星系则可能有数万亿颗恒星。旋涡星系看上去像风车一样，椭圆星系看着像一个椭圆形，而不规则星系则外形各异。

你知道吗？

一些天文学家推测，在所有已知星系中，有多达1/3的恒星周围有行星环绕。

在侧面朝向地球的旋涡星系NGC 5866中，由尘埃和气体组成的大量云团遮挡住了恒星发出的光。每一个由100万颗恒星组成的星团，在星系外部的光晕中均清晰可见。

　　黑眼星系，正式编号为 M64。从地球上看去，星系侧面被黑色的尘埃所覆盖，这使星系看上去就像黑色的眼睛一样，星系也因此而得名。这个星系中有两个恒星系统，它们朝着相反的方向旋转。这说明这个星系很可能是由两个独立的星系融合而成的。

宇宙中有多少个星系？

通过使用超级计算机，欧洲的天文学家推测，在可观测宇宙（我们能看到的宇宙部分）中可能有多达5000亿个星系。而有些天文学家则认为可观测宇宙中有上万亿个星系。

看不见的星系

有些星系距离地球非常远，在光学望远镜收集到的可见光中无法看到它们。但这些星系发出的光能以射电波或是红外线的形式到达地球，这两种波是波长比可见光更长的另外两种电磁辐射形式。天文学家需要使用特殊的望远镜来观测这些星系。

随着天文学家制作出更强大的望远镜，我们观测宇宙的视野也更开阔。然而，有些星系如此之远，以致于膨胀的宇宙将它们推出了我们的视野。所以，我们可能永远无法确定宇宙中到底有多少个星系。

这张宇宙的假彩色照片展示了160万个星系，而这只是全部星系的一部分。红色代表最暗、最远的星系，而蓝色则代表最近、最亮的星系。制作这张图像的数据来源于"2微米全天巡天"（2 MASS）计划。

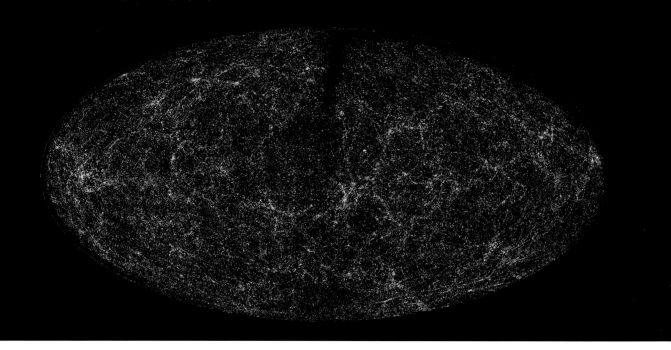

宇宙中可能有数千亿甚至数万亿个星系。随着望远镜技术的进步，天文学家已经发现了越来越多的星系。

星系的大小和外形各异，其变化之多令人惊叹。这张表呈现的是银河系附近1亿个星系中的196个星系，都是由星系演化探测器（GALEX）在紫外线波段巡天拍摄的。这些照片的排列顺序体现了星系是如何随着时间推移而发生变化的。年轻的星系（蓝色）中正在形成大量新生恒星，而发出柔和的金色光芒的星系则包含许多老年恒星。

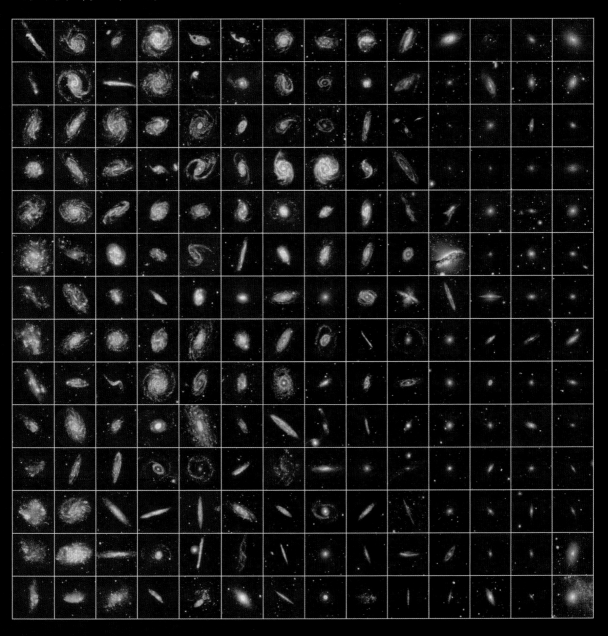

星系群

哈勃音叉图

　　美国天文学家埃德温·P.哈勃是第一位以星系外形为基础对星系进行分类的科学家。目前天文学家们仍在使用这个分类法，它叫作哈勃序列，又称为哈勃音叉图。

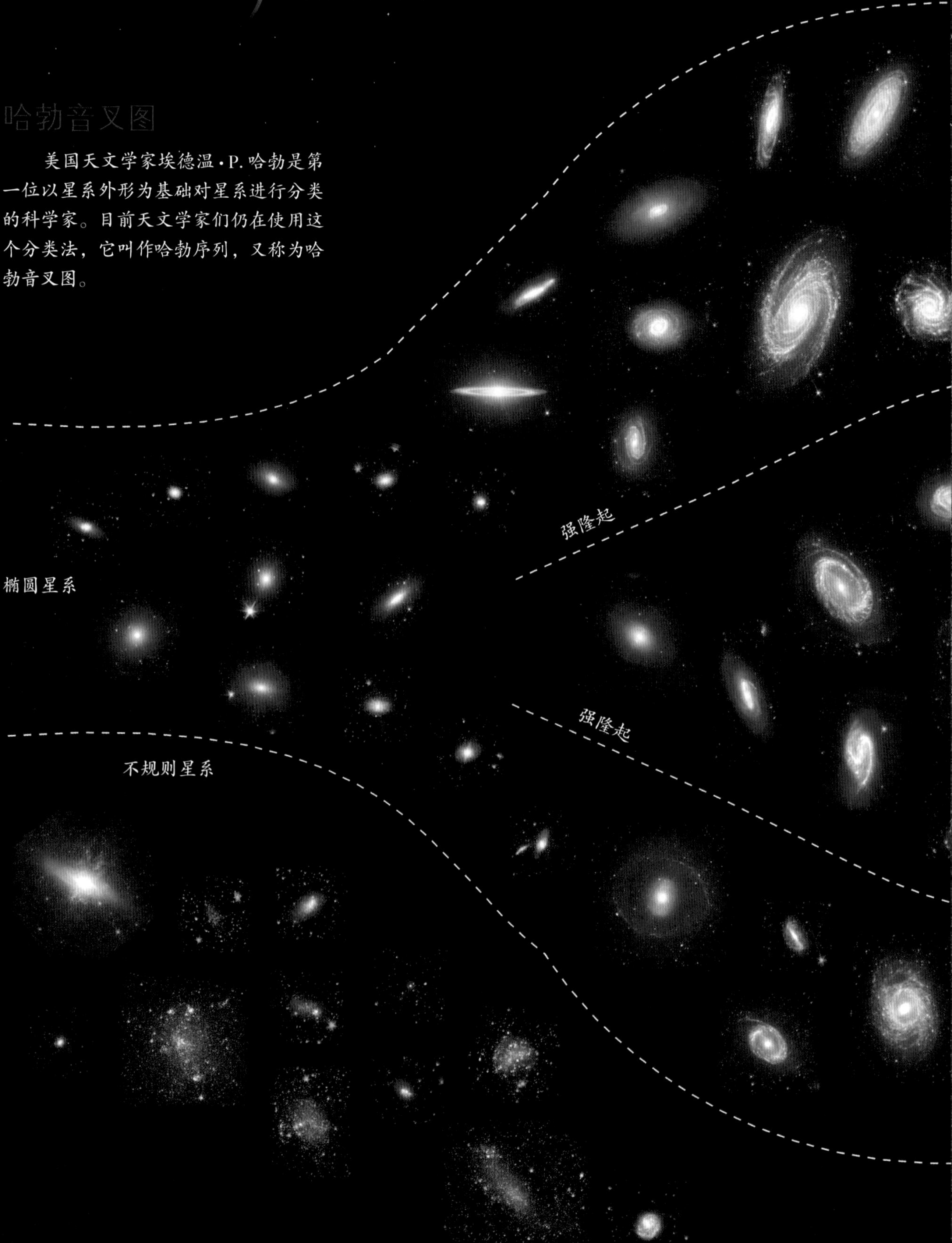

强隆起

椭圆星系

强隆起

不规则星系

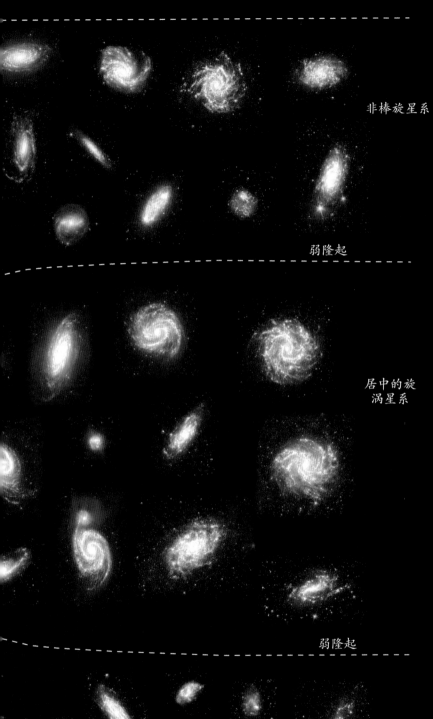

非棒旋星系

弱隆起

居中的旋涡星系

弱隆起

棒旋星系

哈勃将星系分成两个基本类型：椭圆星系和旋涡星系。椭圆星系从外形上看是椭圆形，而旋涡星系看上去则像一个风车。

椭圆星系根据外形或圆或扁平的程度可以进一步细分，旋涡星系则根据它的中心是否有棒状结构来进行更细的分类。星系中心有棒状结构的旋涡星系被称为棒旋星系。旋涡星系还有一个分类方法，即以星系旋臂缠绕星系中心的紧密程度作为标准。

有些星系兼顾了椭圆星系和旋涡星系的特点，还有些星系看上去没有任何与前面的星系分类吻合的特点。这些星系被称为不规则星系，它们的外形复杂多变，而且看上去体积很小。许多不规则星系已经被邻近星系的引力拖拽成了非同寻常的形状。

什么是旋涡星系?

盘状结构和旋臂

从侧面看去，旋涡星系就像一个飞盘。但是从正面看去，它们又像一个风车。由恒星组成的旋臂缠绕在星系中央的周围，并向外延伸。旋涡星系的旋臂非常明亮，因为旋臂上有大量炽热的大质量恒星，其释放出的光能比质量小一些的恒星（比如太阳）要多得多。不过，质量达到这样级别的恒星，发光的时间仅为数百万年。与之相比，像太阳这样的恒星，预期寿命可以达到100亿年。由尘埃和气体构成的星云，受到旁边恒星光线的照射，也会在旋臂上闪闪发光，它们是产生新生恒星的物质原料。

在旋涡星系的明亮旋臂之间存在大量物质，尽管这些物质看起来没有那么多。随着盘状结构的自转，引力导致恒星在盘状结构的旋涡波上堆积起来。这些旋涡波也会使尘埃和气体云团以同样的旋涡形式堆积起来。通常，这些区域很容易诞生大质量恒星。这些大质量恒星会很快消亡，而那些暗淡的小质量恒星会幸存下来。随着旋涡波开始经过盘状结构中的其他新区域，并重复恒星诞生和消亡的过程，原来区域中的光就会变得暗弱起来。旋臂之间的区域主要包含大量的年老且暗淡的恒星，它们发出的可见光较少，所以看上去很暗。

星系NGC 1097显示出了典型旋涡星系的风车状外形。旋臂从星系中央的棒状结构的末端处向外延伸。位于星系核心处的由新生恒星组成的明亮的环状结构清晰可见。

中央核球和棒状结构

在旋涡星系的中央，有一个布满恒星、尘埃和气体的球状结构，这个结构向上、向下延伸到盘状结构以外。在许多大型旋涡星系中，位于中央的恒星还会形成一个棒状结构，而旋臂会从这个棒状结构的末端一直向外延伸。像银河系这类拥有中央棒状结构的星系叫作棒旋星系。

从正面看去，旋涡星系就像一个巨大的风车。星系的旋臂呈旋涡状，缠绕在星系中央的周围。

旋涡状的草帽星系侧面朝向地球，看上去像一个围绕在明亮星系核周围的薄薄的尘埃盘。这个星系的直径达到了5万光年，约为银河系直径的一半。

风车星系（图左）的旋臂呈现出异样的恒星和尘埃流，这可能是由邻近的小型星系的引力（图右）拖拽引起的。

什么是椭圆星系？

NGC 1316是一个明亮的椭圆星系。
天文学家认为，两个旋涡星系在几十亿
年前发生碰撞后形成了这个星系。

椭圆星系的外形呈椭圆形。从长轴所在的截面看去，它们可能像一颗
鸡蛋；从短轴所在的截面看去，它们为正球体或略扁的球体。

分类还在继续

椭圆星系有多种外形，有的接近圆形，有的扁平一些。椭圆星系的外形取决于星系内部每颗恒星的运动轨道。在偏圆形的椭圆星系中，轨道的倾斜度是随机的，而在扁平的椭圆星系中，恒星轨道倾向于靠近同一个平面，同时这些恒星也不会形成在旋涡星系中发现的盘状结构。椭圆星系的尺寸非常大，而且非常明亮。许多已知或大、或小、或明、或暗的星系都属于椭圆星系。椭圆星系的核心处是最明亮的区域，越靠近星系边缘亮度越低。

更年老的恒星

大多数椭圆星系都是由年龄达到数十亿年的老年恒星组成的，这些星系中几乎没有气体。由于新生恒星产生于气体，所以绝大多数椭圆星系中几乎没有新恒星诞生。

NGC 1132是已知最大的星系之一，它的周围有大量发光的炽热气体晕，它们会释放出X射线。这张NGC 1132的假彩色照片是由哈勃空间望远镜拍摄的。NGC 1132很可能是一个"化石星系"，是由一个"食人族星系"吞噬了大量其他星系后所剩下的残余物质构成的。

什么是不规则星系？

M82，又被称为雪茄星系，是一个星暴星系。它被自己附近的一个大型旋涡星系的引力拖拽成了不规则的形状。

你知道吗？

星暴星系中的恒星形成速度，是银河系中恒星形成速度的成百上千倍。

不规则星系一般具有参差不齐的无规则外形。它们无法被归类为旋涡星系或椭圆星系。

宇宙中的"怪人"

不规则星系的外形变化多端。在大多数不规则星系中，恒星的形成发生在一些独立区域中，这导致星系呈现出参差不齐的无规则外形。大多数不规则星系的质量都远小于像银河系这样的大型星系的质量。

足够的尘埃和气体

与旋涡星系和椭圆星系相比，不规则星系含有更多以尘埃和气体形式存在的可见物质。不规则星系中含有的这些物质，足够让它在未来的数十亿年里形成恒星。

它们是如何形成的

天文学家认为，不规则星系可能有多种不同的形成方式。大部分不规则星系都是被邻近星系的引力拖拽成不规则的形状。其他的不规则星系则是由于质量太小，无法形成产生旋臂的密度波。

在哈勃空间望远镜拍摄的假彩色照片中，大量明亮的新生恒星照亮了不规则矮星系NGC 1569。天文学家推测，NGC 1569中正在进行的密集的恒星形成活动仅开始于2500万年以前。

怪异星系

怪异星系的特点是具有非同寻常的外形。这些天体系统可能是一些巨大事件发生后的结果，比如两个或更多星系发生碰撞。

▼ 车轮星系的周围有一圈光环，这个光环由大量明亮的新生恒星组成。这是由4个空间望远镜拍摄的假彩色合成照片。天文学家认为，这个环状结构是在照片左侧的一个较小的星系穿过较大的星系时形成的。这个星系碰撞产生的冲击波穿透车轮星系，在其核心处引发星暴。随着时间的流逝，恒星形成活动的集中区域，从星系碰撞点向外移动，从而产生了天文学家所说的环状星系。

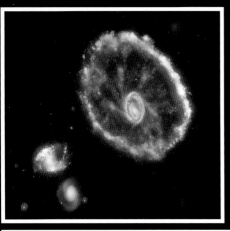

▼ 不同波长的光可以显示出在不同温度下气体和物质的不同分布形态。

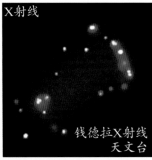
X射线
钱德拉X射线天文台

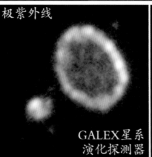
极紫外线
GALEX星系演化探测器

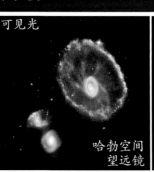
可见光
哈勃空间望远镜

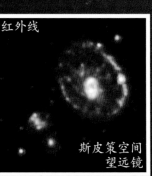
红外线
斯皮策空间望远镜

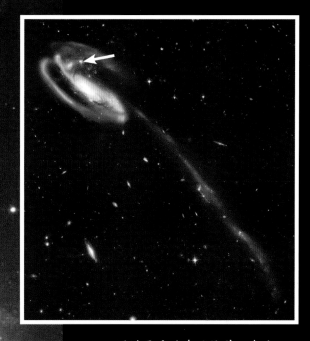

▲ 蝌蚪星系的身后拖着一条由恒星和气流组成的长达28万光年的"尾巴"。这条"尾巴"是这个星系与一个较小星系（箭头处）发生碰撞后产生的。这次碰撞产生的强大引力将一长串恒星和其他物质拖拽出了蝌蚪星系。这个闯入的星系目前看上去正在远离蝌蚪星系。

　　星系AM 0644-741（背景图片）与车轮星系非常相似，当一个较小的星系从它的身体中间穿过时，产生了一个由恒星组成的环状结构。这就像将一粒小石子扔进池塘以后，池塘的水面上产生圆圈状的涟漪一样。天文学家们认为，当一个大型旋涡星系与它的小型伴星系以几乎正面撞击的方式进入彼此内部时，这些环状星系便诞生了。

星系喜欢"群居"吗?

星系群和星系团

很少有星系在宇宙中单独存在,大多数星系都是星系群或是星系团中的成员。星系群一般包含20~100个星系。银河系就隶属于一个名为本星系群的系统,这个系统占据了直径约1000万光年的宇宙空间。光年,指光在宇宙真空中沿直线传播一年所经过的距离,约为9.46万亿千米。本星系群包含50个星系,包括银河系附近的两个不规则星系——大、小麦哲伦云,以及与银河系类似的另外一个大型旋涡星系——仙女星系。本星系群中的较小星系都在围绕较大的银河系和仙女星系转动。

星系团包含的星系数量比星系群更多。与银河系最近的星系团叫作室女星系团,距离我们约5500万光年。这个星系团中含有大约2500个星系,包括位于星系团中心的大量大型椭圆星系。

超星系团和星系长城

星系群和星系团都是超星系团的一部分。本星系团隶属于本超星系团(室女超星系团)。本超星系团的直径达1.1亿光年,包含成千上万个星系,它与相邻的超星系团约相距1亿~3亿光年。

天文学家研究了宇宙的大尺度结构,他们发现这些超星系团构成了巨大的星系长城。其中结构最大的是武仙-北冕座长城,其长度超过100亿光年。这些星系长城被大尺寸巨洞(一些没有任何星系的宇宙区域)分隔开来。到目前为止,已经发现的最大宇宙巨洞的直径达10亿光年。

事实上,太阳几乎没有与之距离较近的恒星邻居。最近的恒星是位于4.2光年之外的比邻星(半人马座α星C)。在银河系周围500万光年的范围内,只有一个大型星系——仙女星系。不过,在这个范围内还运动着至少12个小型星系。

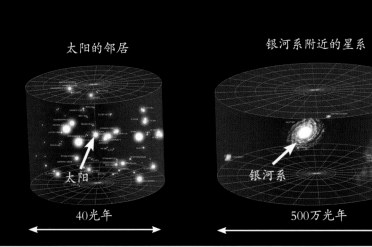

太阳的邻居	银河系附近的星系
太阳	银河系
40光年	500万光年

几乎所有的星系都是星系群体的一部分。这些星系群体包括星系群、星系团和超星系团，它们通过相互间的引力作用聚集在一起。

A 901a

A 902

A 901b

SW Group

超星系团A 901/902（中间图中的左侧）中的星系成员，形成于一片集中了大量神秘物质的区域，这种物质叫作暗物质（浅粉色）。天文学家相信，暗物质作为吸引可见物质的框架，塑造了宇宙的结构。通过将可见光波段的超星系团照片与它所包含的暗物质的分布图合成得到此图。

银河系是本星系群的一部分，本星系群包含50个星系，占据了直径约1000万光年的球形宇宙区域。本星系群又是本超星系团的一部分，本超星系团的直径约1.1亿光年。

本超星系团

本星系群

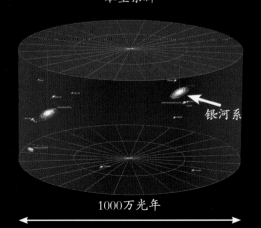

银河系

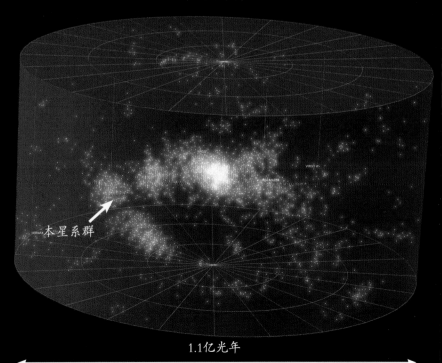

本星系群

1000万光年

1.1亿光年

巨兽般的椭圆星系

巨大的椭圆星系位于大型星系团的中央区域。天文学家认为，这些星系通过吞噬周围的较小星系而不断变大。目前已知的最大星系——椭圆星系IC 1101可能包含百万亿颗恒星。它位于由数千个星系组成的星系团A2019中，距离地球约10亿光年。这个星系很可能通过吞噬星系团中的其他星系而变成如此巨大的体型。

M87

在我们的星系邻居中，椭圆星系M87是质量最大的星系之一，它距离地球约5000万光年，位于室女星系团的中央。M87的直径约为12万光年，跟银河系直径差不多。但M87的形状更像球体，而银河系看上去为盘状结构。因此，M87拥有更大体积，可以容纳更多物质，其包含数万亿颗恒星。

矮星系

在另外一个极端，某些矮星系的直径只有约1万光年，仅包含10亿颗恒星。有一些不规则星系甚至更小——天文学家发现了一个直径只有1000光年的不规则星系。

银河系的直径约为10万光年，而一些围绕银河系运动的矮星系的直径仅为1万光年。

椭圆星系IC 1101（本图中央）被认为是已知最大的星系。它的直径约为银河系的60倍，推测包含百万亿颗恒星。

人马座中的不规则矮星系，直径仅为1万光年，即约为银河系盘状结构直径的1/10。最小的矮星系直径可能仅为银河系直径的1/100。

哪个星系离我们最远？

星系团A 1689（前景中的黄色星系团）的引力使周围的空间弯曲，就像一个透镜，将远处的星系放大。星系团周围那些弯曲的斑点都是它后方的星系。这些星系的距离远达130亿光年。

人类已知的最遥远的星系发出的光，需要在宇宙中经过130亿年才能抵达地球。

遥远的曙光

尽管光的移动速度在宇宙中比任何其他物体的移动速度都要快，但它们到达地球仍然需要数十亿年的时间。来自最遥远星系的光，在130亿年前就启程了，仅仅在大爆炸发生后7亿年左右。当时宇宙的年龄，仅仅是如今年龄——138亿岁的5%。当我们观测这些最遥远的星系时，我们同时也在沿着时间线往回看，一直看到星系和宇宙都很年轻的时候。

宇宙学红移

自大爆炸发生以来，宇宙就一直在膨胀。于是，来自遥远星系的光线显示出了强烈的红移，或者说波长变得更长，光变得更红。简单来说，光线被宇宙空间的膨胀拉长了，像是一截弹簧的末端被拉开导致的弹簧变长。远处星系发出的可见光波长被拉长了许多，所以这些光抵达地球后就变成了红外线或是射电波。这种现象被称为宇宙学红移。

人们有时会说，最遥远的星系距离我们130亿光年，但这背后的事实更为复杂。一个遥远的星系发出光线时，很可能距离我们仅有30亿光年远。但由于宇宙在膨胀，这些光可能必须跨过130亿光年的距离才能抵达地球。而当这些光抵达地球时，宇宙的膨胀又使这个星系更加远离我们——它可能距离我们300亿光年了。事实上，科学家们认为，宇宙中还有无数使用最强大的望远镜都无法看到的星系。这些星系与地球之间的距离如此之远，以致连光都无法跟上宇宙膨胀的速度。

由于宇宙在膨胀，所以来自远处星系的光线会发生强烈的红移。也就是说，可见光会被拉长为偏红的红外线。

可见光
哈勃空间望远镜

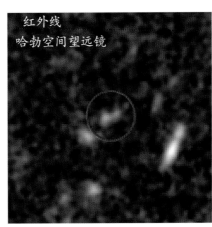

红外线
哈勃空间望远镜

红外线
斯皮策空间望远镜

我们所生活的星系

我们所生活的星系——银河系，是一个直径约为10万光年的棒旋星系。在银河系核心处，有一个巨大、厚实、布满恒星的棒状结构。巨大的旋臂上包含千亿颗恒星，从棒状结构的两端延伸出去。

地球、太阳和太阳系距离银河系中心约25000光年。我们位于银河系中央和银河系边缘连线的中间位置。

太阳

▲ 夜晚，在远离城市的地方，可以看到银河从地平线上升起，就像一条由光组成的巨大的河流。事实上，银河系的盘状结构形成了一个将地球环绕的圆圈。由尘埃和气体组成的云团挡住了大量盘状结构中的恒星。

◄ 由斯皮策空间望远镜拍摄的红外线（体现为热能探测）照片上可以看到，银河系中心包含数百万颗年轻、明亮的恒星。红外线能穿透尘埃和气体云团，正是这些云团挡住了恒星发出来的可见光。

哪个星系离我们最近?

不断缩水的矮星系

大犬矮星系距离地球约2.5万光年,与地球到银河系中心的距离相当。另外一个矮星系——人马矮椭圆星系,距离地球约7万光年。这些星系都比银河系小得多。事实上,它们正在围绕银河系转动,而银河系正在缓慢地将恒星从这些星系中剥离出来。最终,银河系会将它们吞噬。

仙女星系

距离我们最近的旋涡星系是仙女星系,它与银河系之间的距离是250万光年。仙女星系也被称为M31,质量大约是银河系的两倍。同时仙女星系更为明亮,也更大一些,其直径超过22.8万光年,而银河系的直径仅为10万光年。仙女星系是可以不用望远镜就能看到的最遥远的天体之一。

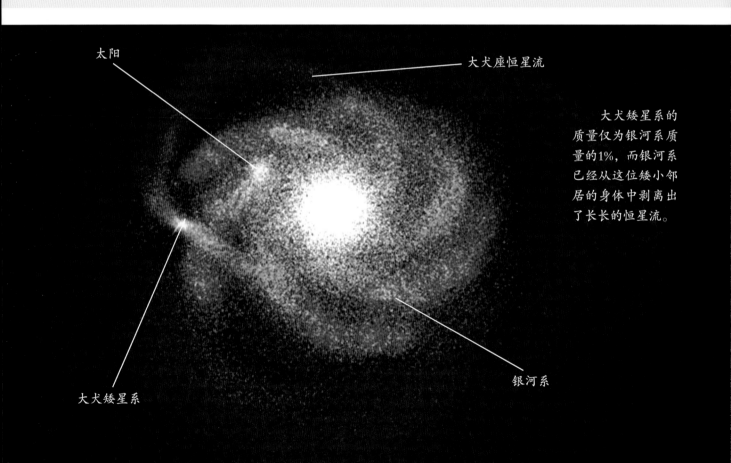

太阳

大犬座恒星流

大犬矮星系的质量仅为银河系质量的1%,而银河系已经从这位矮小邻居的身体中剥离出了长长的恒星流。

大犬矮星系

银河系

大犬矮星系是距离银河系最近的星系，距离地球约2.5万光年。

仙女星系是距离地球最近的旋涡星系，与银河系之间的距离约为250万光年。它是比银河系更为庞大和明亮的星系，其直径超过了22.8万光年。

星系会四处移动吗?

恒星的旋转

　　旋涡星系和椭圆星系中的恒星围绕它们所在的星系核心旋转。例如,太阳围绕银河系中心每2.4亿年完成一次公转。

卫星星系、星系群和更大的星系群体

　　大型星系周围通常会有一些小的卫星星系。以银河系为例,至少有12个卫星星系围绕银河系转动。再过几百万年,这些卫星星系就会被银河系吞并。仙女星系的卫星星系数量则超过14个。

　　在星系群和星系团中,星系会围绕共同的引力中心转动。在包括银河系的本星系群里,最大的两个星系就是银河系和仙女星系,它们朝向彼此运动,很可能会在几十亿年以后发生碰撞。星系群和星系团本身也在宇宙中运动着。本星系群就在本超星系团中运动,后者包含约100个星系群和星系团。超星系团自己同样也在宇宙中运动着。

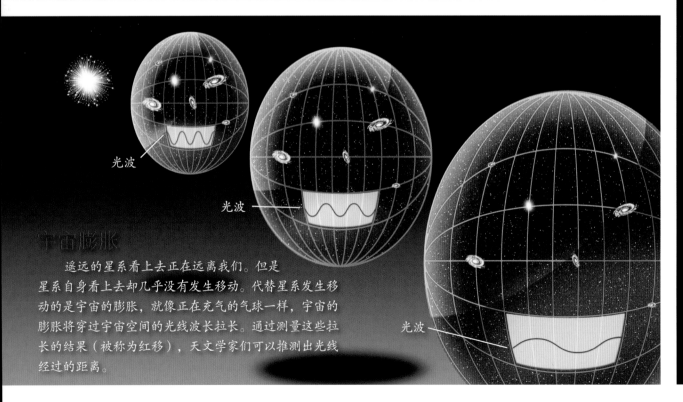

光波

光波

光波

宇宙膨胀

　　遥远的星系看上去正在远离我们。但是星系自身看上去却几乎没有发生移动。代替星系发生移动的是宇宙的膨胀,就像正在充气的气球一样,宇宙的膨胀将穿过宇宙空间的光线波长拉长。通过测量这些拉长的结果(被称为红移),天文学家们可以推测出光线经过的距离。

们还会朝向彼此运动。星系团在宇宙中也在运动着。

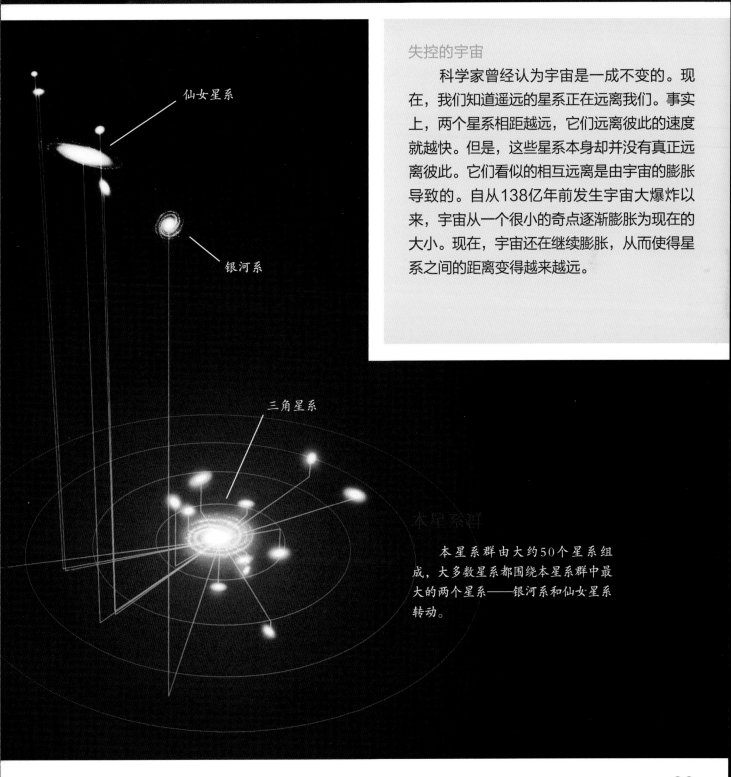

仙女星系

银河系

三角星系

失控的宇宙

科学家曾经认为宇宙是一成不变的。现在，我们知道遥远的星系正在远离我们。事实上，两个星系相距越远，它们远离彼此的速度就越快。但是，这些星系本身却并没有真正远离彼此。它们看似的相互远离是由宇宙的膨胀导致的。自从138亿年前发生宇宙大爆炸以来，宇宙从一个很小的奇点逐渐膨胀为现在的大小。现在，宇宙还在继续膨胀，从而使得星系之间的距离变得越来越远。

本星系群

本星系群由大约50个星系组成，大多数星系都围绕本星系群中最大的两个星系——银河系和仙女星系转动。

星系移动的速度有多快?

都是相对运动

由于宇宙没有中心，所以天体的移动速度只能以其他天体作为参照物来计算。例如，太阳系以每秒220千米的速度围绕银河系中心转动。在本星系群内部，仙女星系和银河系以每秒120千米的速度朝向彼此相互靠近。本超星系团中的星系，以每秒1500千米的速度相对于超星系团中心移动。而本超星系团则以626千米每秒的速度，相对于宇宙微波背景（CMB）移动。宇宙微波背景是宇宙中的第一缕光，是宇宙大爆炸的余晖。

哈勃常数

自从宇宙大爆炸以来，宇宙的膨胀使远处的星系看上去似乎一直在远离我们而去。事实上，遥远星系的退行速度与它们和地球间的距离成正比，这条定律称为哈勃定律。二者的比例常数为哈勃常数，最新测得的哈勃常数为73千米每秒每百万秒差距，即一个星系与地球的距离每增加1百万秒差距，其远离地球的速度就增加73千米每秒。1百万秒差距约等于326万光年。

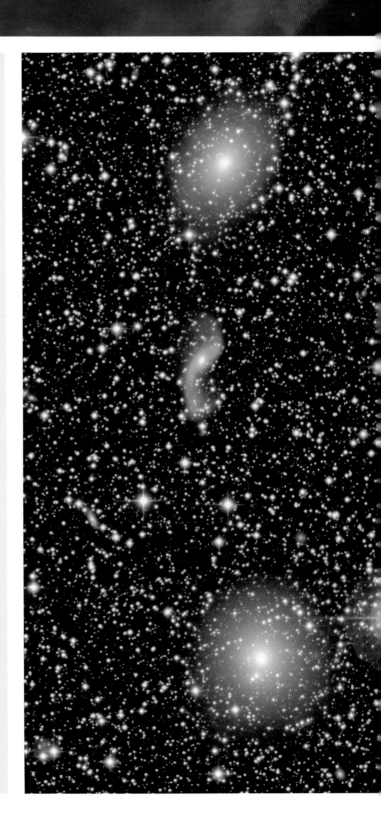

星系移动的速度非常惊人，但这个速度只能以其他天体作为参照物来计算。

银河系和几亿光年内的所有其他星系都在朝着共同的质量中心运动，这个质量中心被称为巨引源。巨引源非常难以探明，因为它隐藏在银河系的星系盘中。巨引源可能是古老的质量非常大的超星系团，而这个超星系团可能是一个更大的结构中的一部分。我们的本星系群中的恒星都在以每秒600千米的速度朝向巨引源运动。

哈勃常数

哈勃常数可以表征宇宙膨胀速度。测量哈勃常数，包括探测遥远星系远离我们的速度，以及这些星系与我们之间的距离。

天文学家可以通过测量红移来确定星系远离我们的速度。红移是光的波长被拉长到另外一个电磁辐射波段的现象。通过测量这些星系发射出的光的红移量，天文学家可以推测出星系与地球之间的距离。

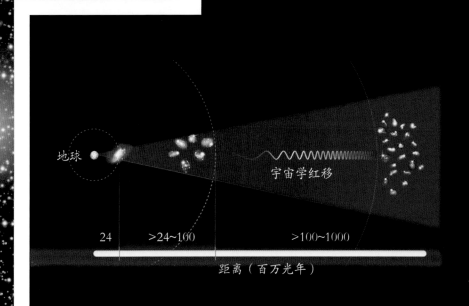

地球

宇宙学红移

24   >24~100   >100~1000

距离（百万光年）

星系发生过合并吗？

彼此吞并的星系

大型星系通常都会吞并附近的卫星星系。通过这种方式，星系质量会随着时间推移而不断增加。银河系中的一些恒星的反常轨道情况，表明它们曾经被另外一个星系牵引过。现在，在银河系周围的12个卫星星系中，至少有两个星系中的恒星正在受到银河系的影响。

从旋涡星系到椭圆星系

星系之间的引力拖拽作用能够改变星系的外形。事实上，许多不规则星系之所以被拖拽成非正常的形状，就是受到更大型的邻居星系的影响。

当大型旋涡星系发生合并时，它们会形成椭圆星系。许多椭圆星系显示出明显的证据表明它们是由旋涡星系发生合并而诞生的。银河系和仙女星系在几十亿年以后也很可能会发生合并。如果真的发生合并，它们最终会形成一个新的椭圆星系。

你知道吗？

尽管星系会发生碰撞，但星系中的恒星却很少会碰撞到一起。与星相比，恒星的个头非常小，所以它们会像两群小虫子一样从彼此旁边飞过。星系碰撞会产生大量恒星，就像尘埃和气体云团发生坍缩后会形成恒星一样。

哈勃空间望远镜拍摄到了两个正在进行合并的旋涡星系，这两个星系被命名为双鼠星系。这对星系已经从彼此旁边经过了。由于这两个星系之间的引力作用，星系左侧已经诞生了由大量年轻恒星组成的星团（蓝色部分）。

布满星团的尾迹，拖在两个数百万年前就开始合并的星系后面。这些星系被命名为NGC 3256，它们还有非常清晰的星系核。这些星系核心处的超大质量黑洞将来也会发生合并，并且会停留在新形成的椭圆星系的中心。

骇人的巨大碰撞

▶ 触须星系（右图）是由几百万年前开始碰撞的两个大型旋涡星系形成的。星系之间的碰撞发生剧烈的星暴（诞生大量新生恒星），因为引力会导致尘埃和气体组成的云团发生坍缩。此星系距离地球约4500万光年，是距离地球最近的碰撞星系。

▲ 有3个星系发生了碰撞，形成了一个非同寻常的天体，天文学家称其为小鸟星系。其中两个星系为大质量旋涡星系，另外一个是不规则星系。小鸟星系比太阳亮10亿倍，直径达到10万光年，与银河系相当。

▲ 斯蒂芬五重星系是一个正在发生碰撞和合并的复杂星系群。这些旋涡星系很可能会形成一个巨大的椭圆星系。在这些星系中,标记为蓝色的星系(图中左下方)比其他星系更加靠近地球,因为它并未参与这场星系碰撞。

▲ 旋涡星系NGC 2207(图中左侧)和IC 2163刚发生碰撞时,会将对方星系内部的物质从星系中剥离出来。其中,较小的星系与银河系的大小相当,以逆时针方向围绕较大星系转动。这场星系合并过程将会持续数十亿年。

谁发现了星系的存在？

星系和星云

17世纪，意大利天文学家伽利略·伽利雷发现，被称为银河的白色光带是由许多独立的恒星组成的。随着望远镜性能越来越强大，天文学家们又发现了一些模糊的光斑，称为星云。星云是由气体和尘埃组成的云雾状天体。由于观测工具的限制，历史上，星系曾和星云混为一谈。一些星系过去被误认为是星云，时至今日，它们有时仍被冠以星云之名。在长达几百年的时间里，绝大多数天文学家都认为宇宙中只有银河系这一个星系。

仙女星云

1923年，美国天文学家埃德温·哈勃使用当时性能最强大的一架望远镜观测了仙女星云。他发现，这个星云与银河系一样，包含大量恒星，但是这些恒星都非常暗弱。于是哈勃得出了一个结论，即仙女星云事实上是一个独立的星系。在此之前，曾有天文学家提出，有些所谓的星云其实是星系，但是只有哈勃给出了证据，他的观测结果改变了我们看宇宙的视角。

哈勃定律

1929年，哈勃发现，距离银河系越远的星系，看上去远离我们的速度越快，这就是著名的哈勃定律。宇宙的膨胀速度可以用哈勃常数来表征。后来，天文学家发现，在大爆炸后形成的宇宙一直都在膨胀。

埃德温·哈勃使用威尔逊山天文台的2.5米望远镜，证明了仙女星云是一个星系。

在20世纪20年代，美国天文学家埃德温·哈勃发现，天空中那些遥远的光斑其实是远在银河系之外的其他星系。

威尔逊山天文台曾经有世界上性能最强大的望远镜。但是现在，来自附近城市洛杉矶的光线影响了这里望远镜的观测能力。

星系为什么会发光？

原子发光

恒星能发出可见光，是因为它们产生的等离子体。等离子体是一种呈气体状的物质，产生于非常高的温度环境中，而高温使等离子体发光。此外，除了人类肉眼可见的可见光以外，恒星也会发出红外线、紫外线、X射线等其他电磁辐射波段的光。

恒星中的等离子体能够达到非常高的温度，这是因为恒星核心处发生了核聚变反应。在核聚变反应中，氢原子核聚合在一起，产生了氦核。其他化学元素的原子核也可以发生核聚变反应，产生生命所必需的元素，比如碳元素和氧元素。核聚变反应会释放出巨大的能量（热能）。

星光的诞生

当尘埃和气体构成的云团在自身引力的作用下发生坍缩时，原恒星就形成了。数百万年以后，这些尘埃和气体云团变成了一个个更加致密的旋转球体。随着球体质量和密度的不断增加，球体核心处的温度和压力也会增加。当温度达到100万开尔文时，核聚变反应就开始了。只要有核燃料存在，恒星就会发光。星系能够发光，是因为星系中的数十亿颗恒星在发光。恒星的光芒也会照亮由尘埃和气体构成的巨大星云。当大质量的恒星耗尽了核燃料后，它们可能爆发成超新星，爆发的亮度会短暂地超过星系中所有其他恒星亮度的总和。

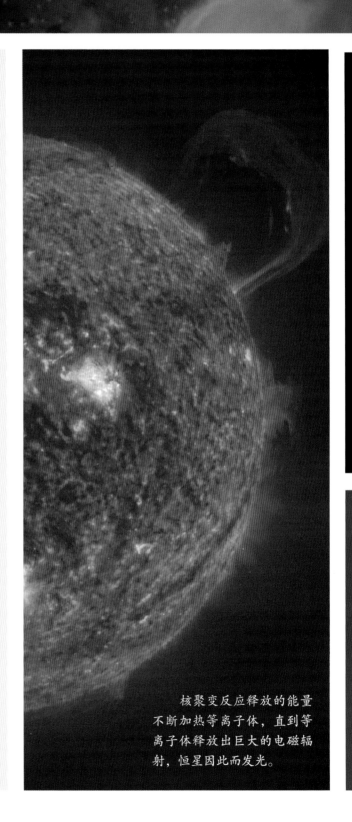

核聚变反应释放的能量不断加热等离子体，直到等离子体释放出巨大的电磁辐射，恒星因此而发光。

星系依靠星系中数十亿颗恒星发出的光而发光。这些恒星的发光过程是由核聚变反应引起的。

星系也会发出人类肉眼看不见的光，正如这张由空间和地面望远镜拍摄的星系3C305的假彩色合成图像所显示的那样。星系发出的可见光被标记为浅蓝色，X射线被标记为红色，射电波被标记为深蓝色。X射线和射电波是由星系中心的超大质量黑洞发出来的。黑洞朝着两个相反方向发射出的喷流，使两个遥远的宇宙区域发出射电波。落入黑洞的物质能释放出巨大的能量，使周围的气体发出X射线。

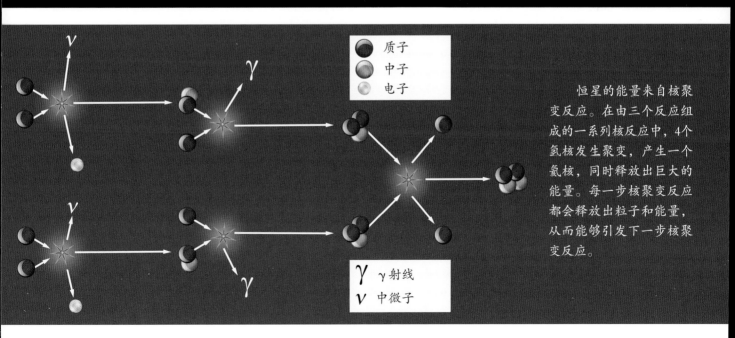

● 质子	
◐ 中子	
○ 电子	

γ	γ射线
ν	中微子

恒星的能量来自核聚变反应。在由三个反应组成的一系列核反应中，4个氢核发生聚变，产生一个氦核，同时释放出巨大的能量。每一步核聚变反应都会释放出粒子和能量，从而能够引发下一步核聚变反应。

天文学家如何通过光研究星系?

从蓝色到红色

恒星发出的光的颜色取决于恒星的温度。年轻的炽热恒星发出的最明亮的光主要是波长较短的蓝色光，而年老的低温恒星发出的最明亮的光线主要是红色光。通过分析星系发出的光，天文学家可以计算出恒星的形成速率。年轻星系形成恒星的速率要比老年星系快得多。

元素的颜色

光也可以让天文学家知道星系中的恒星有哪些化学元素，因为每一种元素都会发出独一无二的光谱。有些星系中的恒星，比如银河系中的恒星，包含大量重金属元素。这些重金属元素诞生于大质量恒星以超新星爆发的方式发生爆炸的过程中。与之相反，银河系的邻居——矮星系小麦哲伦云中新形成的恒星就相对较少，恒星上的重金属元素也较少。

一些合成照片，如车轮星系的照片（右），是由两个或更多望远镜拍摄的照片合成的。这些照片能让天文学家们在一张彩色照片中，对天体进行多方面的对比分析。星系中的恒星发出的可见光，由哈勃空间望远镜拍摄，用明亮的黄色光标示。发生爆炸的恒星、炽热的气体和黑洞释放出的X射线，由钱德拉X射线天文台拍摄，在照片中呈现为蓝色。红色代表的是形成恒星的尘埃密集区域释放出的热辐射，由斯皮策空间望远镜拍摄。

多普勒频移可以改变星系发出的光线波长，改变的结果取决于星系的运动状态。朝向地球运动的星系会显示出蓝移，而远离地球运动的星系则会显示出红移。

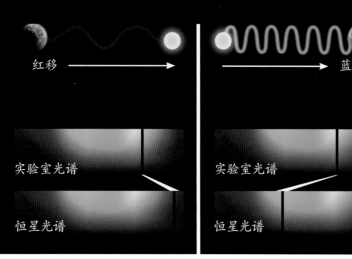

红移 →
实验室光谱
恒星光谱

蓝移 →
实验室光谱
恒星光谱

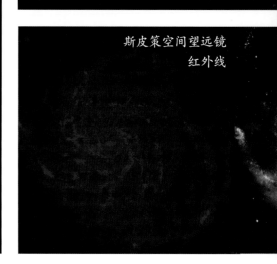

斯皮策空间望远镜
红外线

通过研究星系发出的光，天文学家们可以知道星系的温度、化学元素构成、年龄以及星系是如何在宇宙中运动的。

哈勒空间望远镜
可见光

钱德拉X射线天文台
X射线

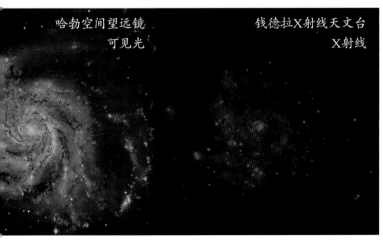

多普勒频移

如果你听到过火车从你身边经过时发出的汽笛声，你可能会注意到，火车的汽笛声调在火车朝你驶来时显得特别高，而在火车远离你时又变得低沉了。这种频率的变化是因为火车接近时声波被压缩，而火车离开时声波又被拉长。这种现象被称为多普勒效应。多普勒效应造成的发射与接收的频率之差称为多普勒频移，其中包括红移和蓝移。多普勒效应同样可以改变光波的频率。朝向我们运动的星系发出的光，显示出蓝移；而远离我们运动的星系发出的光，则显示出红移。

膨胀的宇宙

遥远的星系都显示出了强烈的红移，但这种红移并不是多普勒频移导致的。事实上，它并不是由星系的运动造成的，而是由宇宙膨胀导致了星系的光波被拉长。天文学家称这种现象为宇宙学红移，它与多普勒红移截然不同。当天文学家谈到星系红移时，通常指的是宇宙学红移。通过测量宇宙学红移，天文学家们可以知道星系发出的光走了多远，然后就可以估计出星系与地球之间的距离。

天文学家如何为星系计数？

1千亿

宇宙中有数千亿个星系。如果你一天到晚不停歇地每秒数一个星系，你需要数3000年才能数到1千亿。

哈勃极深场

为了统计星系的数量，天文学家连续几天将他们的望远镜对准天空中的同一片区域。例如，在2003年和2004年，哈勃空间望远镜记录下了名为哈勃极深场的图像。为了制作这张图像，这架望远镜观测了只有满月的1/10大小的一小片天空区域。就在这样一片微小的区域中，哈勃空间望远镜发现了1万多个星系。此外，这张图像仅拍摄了可见光，那些只发射出射电波或其他形式的不可见电磁辐射的星系均未被拍摄到。

观测和估计值

我们不可能对整个天空拍摄深场照片。如果一直在这样的细致程度上对整个天空进行拍摄，哈勃空间望远镜需要进行1300万次独立拍摄，需要超过100万年的时间。代替方案是，天文学家们假设宇宙的各个方向看上去都是一样的。基于已有的拍摄结果和这样的假设，他们可以估计出星系的总数。哈勃空间望远镜拍摄的图像表明，在可观测宇宙中一共有1250亿个星系。然而，宇宙中星系的真实总数肯定会更大。

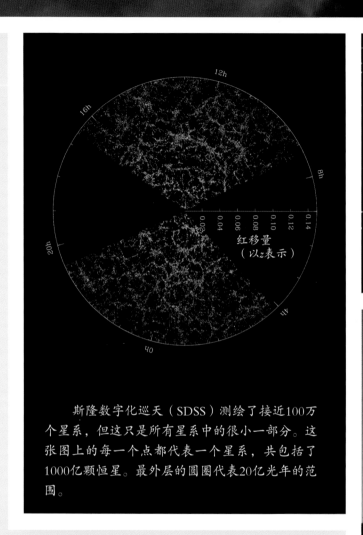

红移量
（以z表示）

斯隆数字化巡天（SDSS）测绘了接近100万个星系，但这只是所有星系中的很小一部分。这张图上的每一个点都代表一个星系，共包括了1000亿颗恒星。最外层的圆圈代表20亿光年的范围。

无限的边缘

目前在建的性能更强大的望远镜将能够观测到更暗弱、更遥远的星系，到时候我们能数出的星系数量可能会达到或突破1万亿个。

46

先数出一小片天空区域中的星系数量，再利用公式进行计算，天文学家们就能估计出宇宙中究竟有多少个星系。

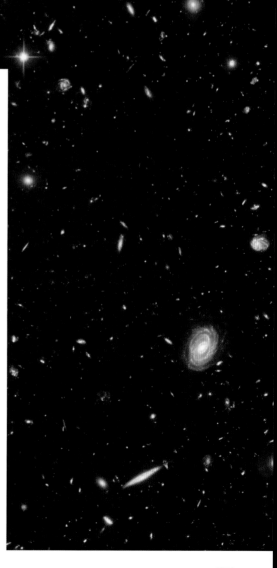

哈勃极深场图像是由哈勃空间望远镜对宇宙深处的一部分区域进行拍摄得到的。图像中包含有1万多个星系。这张图像表明，可观测宇宙至少有1250亿个星系。

位于澳大利亚的星图家望远镜于2008年开始对南方天空中的星系进行巡天观测。

星系形成于什么时候？

宇宙的黑暗时期

在宇宙大爆炸发生后，宇宙中充满了基本粒子和明亮的光线。随着宇宙的膨胀和逐渐冷却，氢原子形成了，这使得大爆炸的余晖第一次能够在宇宙中自由地移动。目前我们仍然能够以宇宙微波背景的形式探测到这些光线。在大爆炸后的数百万年里，宇宙非常黑暗，因为那时还没有形成任何恒星。

天文学家将这段时期称为宇宙的黑暗时期。他们认为，在大爆炸发生后的2亿年里，第一批恒星才得以形成，从而结束了这段黑暗时期，同时第一个星系也很快形成了。

挑战极限

一开始天文学家们找到了强有力的证据，证明星系形成于大爆炸发生后的8亿年里，即大约130亿年前。但仍有许多科学家认为，星系的形成时间应该更早一些。

直到2007年，天文学家使用凯克望远镜发现了6个星系，后来找到证据证明它们形成于大爆炸发生后的大约3亿年里。这些星系表现出非常快的恒星形成速度，正好符合新生星系的特点。此外，如果这6个星系都是在大爆炸发生后的3亿年内就已经形成了，那么它们的形成过程必定已经持续了数百万年。然而，这些来自遥远的古老星系的光线非常暗弱。天文学家们必须将观测仪器的能力提升至极限，才能了解到关于早期宇宙的情况。所以，在这些观测领域仍有许多不确定性和争论。随着科学家制造出新的、性能更为强大的望远镜，他们希望能够观测到星系开始形成时的情况。

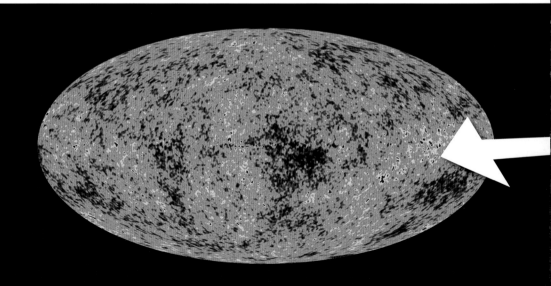

宇宙微波背景是科学家能够探测到的最古老的光线。这种暗弱的发生了红移的光线充满了整个天空。它们出现于第一批恒星和星系形成之前的数百万年内。

天文学家已经找到了证据，证明星系在宇宙大爆炸发生后的大约3亿年内就已经形成了。

天文学家认为，宇宙形成于宇宙大爆炸。随着宇宙的冷却，宇宙变得黑暗起来，直到第一批恒星和星系形成后，才再次明亮起来。

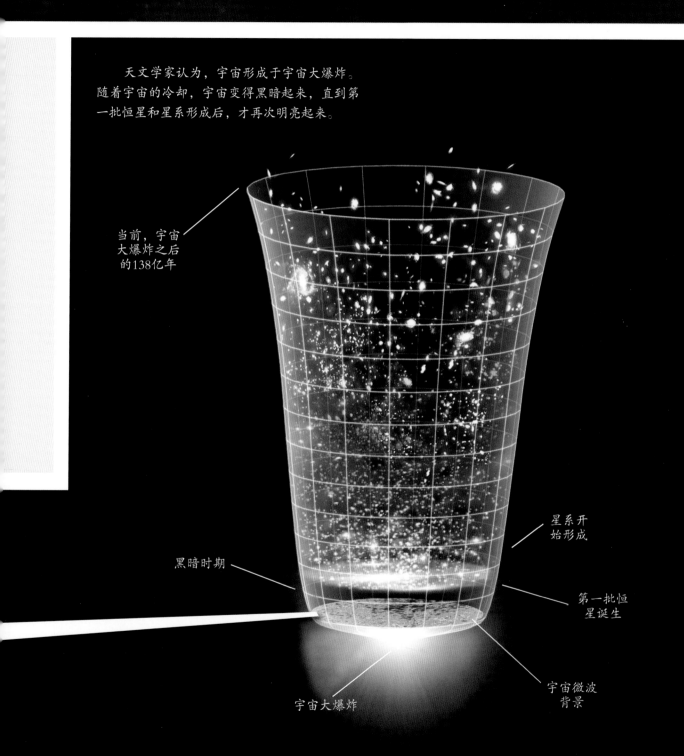

当前，宇宙大爆炸之后的138亿年

星系开始形成

黑暗时期

第一批恒星诞生

宇宙大爆炸

宇宙微波背景

无形

在大爆炸之后的宇宙膨胀过程中，宇宙中没有任何结构。那时没有恒星，也没有星系。虽然有一些小团块，但总体来说，物质均匀地分布在整个宇宙中。随着宇宙不断膨胀，其中的物质形成了氢原子核，但是这些氢原子核还不足以诞生恒星或星系。

暗物质

科学家发现，恒星、星云和其他天体上的物质，仅占宇宙物质的15%，其余的都是暗物质。暗物质是一种神秘的、不可见的物质形式，它们仅通过引力作用对普通物质产生影响。科学家无法直接观测到暗物质，但是可以测量它们的引力效应。

星系的种子

天文学家认为，成团的暗物质起到形成星系的种子作用，暗物质产生的引力将宇宙大爆炸后产生的大量氢元素聚集在一起。最终，这些氢元素变得致密并向内发生坍缩，开始形成恒星。我们今天观测到的大型星系是在暗物质云团内部的反复碰撞和合并过程中形成的。

目前，天文学家已找到了强有力的证据，证明我们观测到的宇宙大尺度结构中的超星系团和星系长城，同样产生于暗物质云团聚集的区域周围。暗物质通过这种方式塑造出整个宇宙结构。然而，对于暗物质和它在星系形成过程中所起的关键作用，仍有许多有待我们探索的地方。

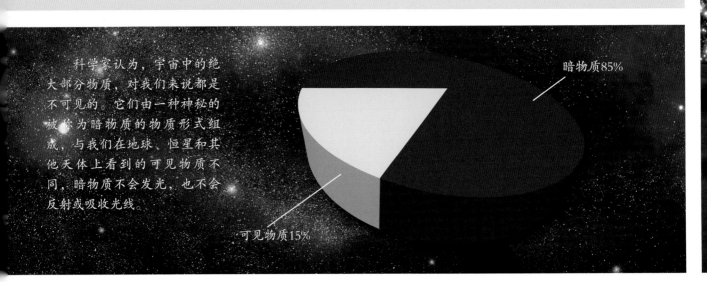

科学家认为，宇宙中的绝大部分物质，对我们来说都是不可见的。它们由一种神秘的被称为暗物质的物质形式组成，与我们在地球、恒星和其他天体上看到的可见物质不同，暗物质不会发光，也不会反射或吸收光线。

暗物质85%

可见物质15%

当气体聚集在暗物质集中的区域周围时，星系就会诞生。

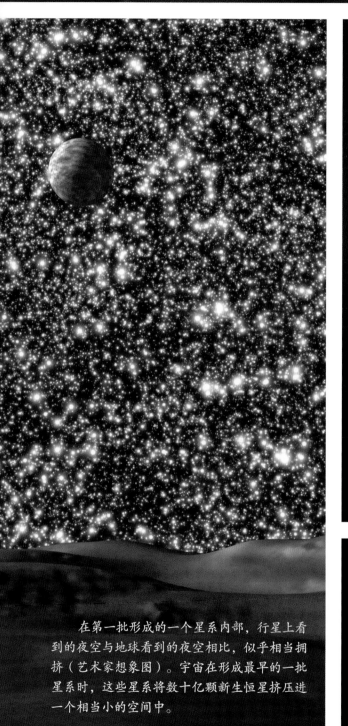

在第一批形成的一个星系内部，行星上看到的夜空与地球看到的夜空相比，似乎相当拥挤（艺术家想象图）。宇宙在形成最早的一批星系时，这些星系将数十亿颗新生恒星挤压进一个相当小的空间中。

大多数天文学家认为，旋涡星系的形成方式与恒星的形成方式类似，都是形成于气体和尘埃云团的坍缩和自转。

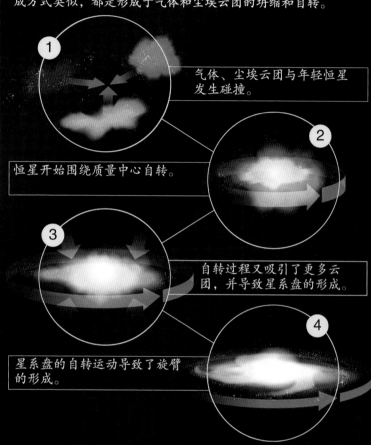

1 气体、尘埃云团与年轻恒星发生碰撞。

2 恒星开始围绕质量中心自转。

3 自转过程又吸引了更多云团，并导致星系盘的形成。

4 星系盘的自转运动导致了旋臂的形成。

你知道吗？

星系周围的暗物质晕的质量，可能是星系中可见物质的质量的10倍。暗物质是一种神秘的物质形式，被认为是宇宙中物质的主要组成部分。

星系中会形成新的恒星吗？

星暴

像银河系这样的旋涡星系形成时，它们会因为内部的尘埃和气体云团坍缩成新生恒星而闪闪发光。在这样剧烈的恒星形成过程之后，星系会放缓形成新生恒星的速度。大多数新生恒星诞生在星系核心处或是旋臂处。

发育停滞

不规则星系和矮星系很少形成新生恒星。这些星系的个头太小，无法形成大型星系的旋臂结构，而旋臂正是诞生新生恒星的区域。然而，当不规则星系靠近邻近的大型星系时，它内部的尘埃和气体可能会因为后者的引力作用聚积起来从而形成恒星。多数椭圆星系也很少形成新生恒星，只有当旋

在小麦哲伦云的恒星形成区域N90的中心位置，年轻的蓝色恒星正在闪闪发光。这样的矮星系很少会诞生新生恒星。

在艺术家的想象中，旋涡星系C153散发出的光芒，来源于星系内部数百万颗新生恒星发出的光。星系中的气体进入星系团的核心时，在星系后面拖出一道道蓝色的气体流。

星系在年轻时会形成大量新生恒星，年老时则很少会形成新生恒星，除非遇到干扰而导致星系内部残留的尘埃和气体云团发生坍缩。

涡星系发生碰撞时，才会诞生大量恒星。并因为椭圆星系已将原有星系中的大部分尘埃和气体吞并，所以它们没有旋臂可以让大量恒星在这里形成。

星系连环撞

宇宙中一些明亮的星系，目前正处于与自己的大型邻居星系发生碰撞的过程中。当两个旋涡星系靠近彼此时，它们之间的引力作用会压缩尘埃和气体。发生碰撞的星系形成新生恒星的速度是平时的数千倍。

在银河系中，恒星会诞生于旋臂上巨大的尘埃和气体云团中，比如猎户星云。

合并与吞并

在早期宇宙中，气体云团的坍缩会形成大量星系。在更加成熟的宇宙中，则不再形成全新的星系。但是，星系经常会碰撞或是吞并它们的邻居星系。当两个旋涡星系发生合并时，它们可能会发生巨大的变化，从而失去原来的特征。从某种程度上说，合并产生的椭圆星系就是一个新的星系。

回到过去

当天文学家观测遥远的宇宙时，他们也在观测过去。光需要经历数十亿年的时间，才能穿越可观测宇宙。当从星系发出的光穿越了130多亿光年的距离而被我们看到时，我们看到的是130多亿年以前这个星系的样子，而不是这个星系当前的样子。

我们所了解的关于星系演化的多数知识都来自于对光的研究，光已成为时间的载体。例如，天文学家发现了一种极为明亮的天体，称其为类星体。天文学家认为，类星体的中心，是巨大的黑洞，这些黑洞不断吞噬周围的物质，从而释放出大量能量。但是，天文学家在我们的银河系附近却没有发现任何类星体，所以他们认为，类星体可能代表星系在很久之前经历的一个演化阶段。现在，大多数星系中心的黑洞都不再释放出强光，因为它们不再吞噬大量物质了。

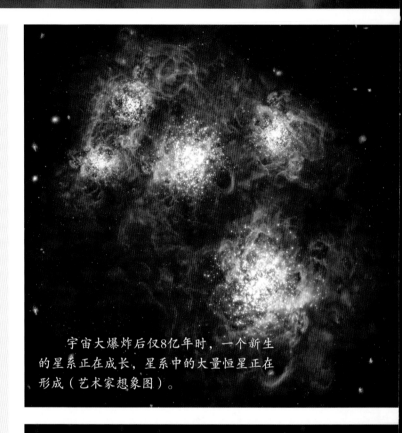

宇宙大爆炸后仅8亿年时，一个新生的星系正在成长，星系中的大量恒星正在形成（艺术家想象图）。

许多科学家认为，PKS 1127-145这样的类星体，代表了许多星系在很久之前经历的一个演化阶段。PKS 1127-145核心处的超大质量黑洞释放出强大的物质喷流，这些喷流在X射线波段的图像中清晰可见。

目前的宇宙中，没有全新的星系了。但是已有星系经常随时间推移而发生变化，它们会在星系碰撞和合并中失去自己原来的特征。

到目前为止，天文学家已经观测到了非常小、非常暗的星系。这些星系还未曾通过反复的碰撞和合并而成长。天文学家相信，这些星系正处于星系演化的早期阶段。借助性能更加强大的望远镜，天文学家希望能观测到宇宙大爆炸后形成的第一批星系。

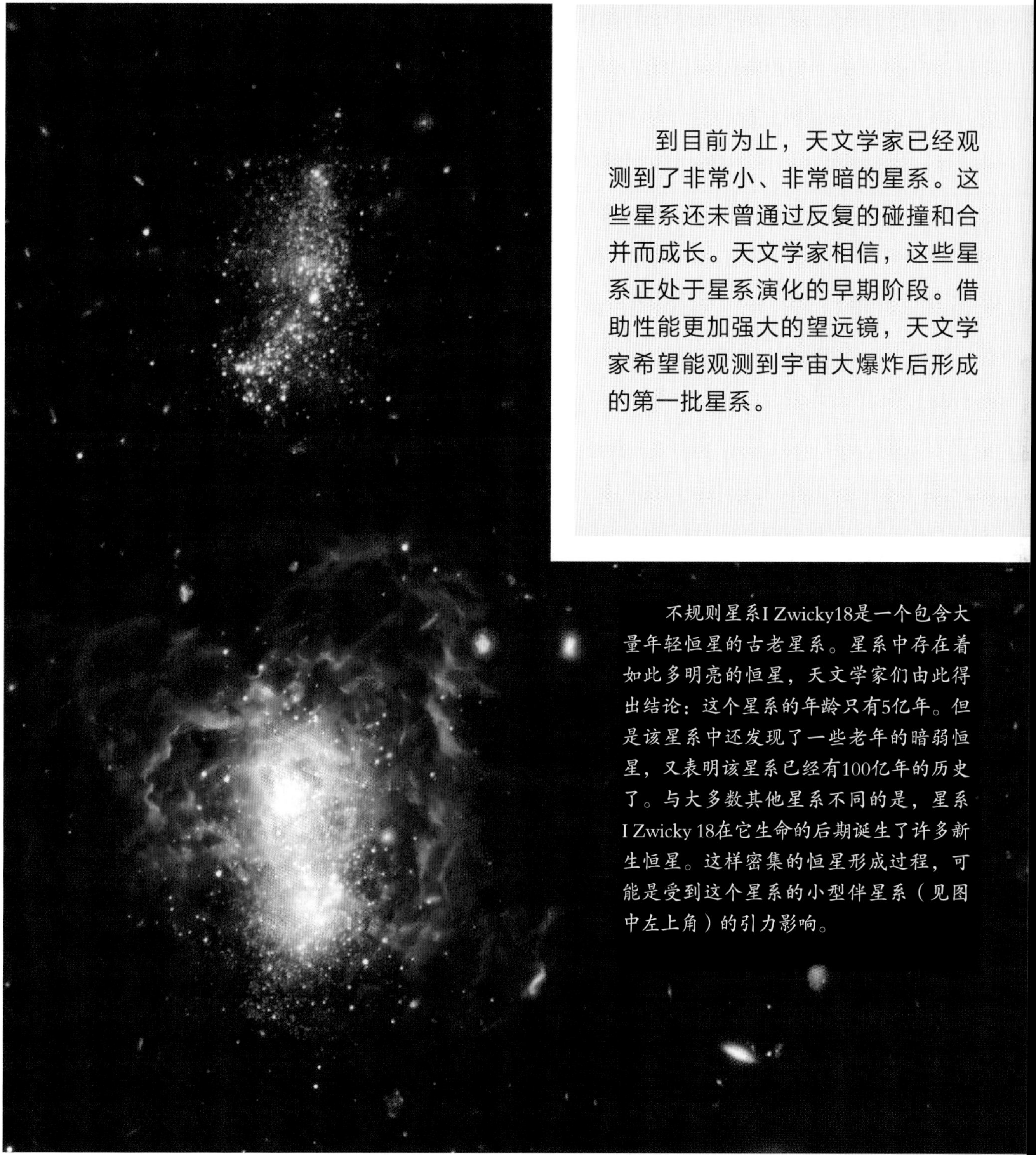

不规则星系I Zwicky18是一个包含大量年轻恒星的古老星系。星系中存在着如此多明亮的恒星，天文学家们由此得出结论：这个星系的年龄只有5亿年。但是该星系中还发现了一些老年的暗弱恒星，又表明该星系已经有100亿年的历史了。与大多数其他星系不同的是，星系I Zwicky 18在它生命的后期诞生了许多新生恒星。这样密集的恒星形成过程，可能是受到这个星系的小型伴星系（见图中左上角）的引力影响。

引力——星系 "胶水"

引力是一种能够主导宇宙大尺度结构的力，它把物质聚集成恒星，把恒星聚集成星系。宇宙中的大部分物质都是暗物质，这是一种看不见的物质，只能通过它们产生的引力作用来进行探测。暗物质云扮演了星系形成过程中的种子的角色。暗物质也能为宇宙中的各种大型结构提供框架，这种结构包括超星系团和星系长城。这些结构产生的引力相当强大，就像一个巨大的隐形透镜使空间本身发生弯曲。这种效应被称为引力透镜效应。

大质量天体产生的引力可以使空间发生弯曲，就像一个能放大远处天体的透镜。这种效应使星系看上去像一个被涂抹过的光环。

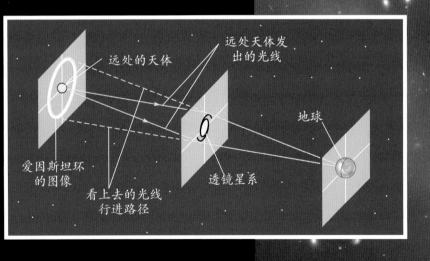

远处的天体
远处天体发出的光线
地球
爱因斯坦环的图像
看上去的光线行进路径
透镜星系

引力控制下的"巨人"

对于质量非常大的大型物体，引力是一种非常重要的力。假设有两颗地球大小的行星，它们之间的距离是地球直径的两倍，那么这两颗行星之间产生的强大引力，会让它们瞬间撞上彼此。

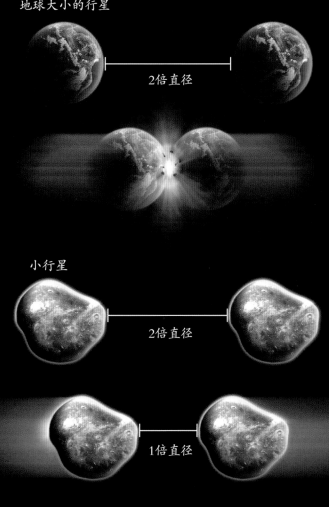

地球大小的行星

2倍直径

小行星

2倍直径

1倍直径

引力产生的效果，对质量比较小的物体并不明显。以两颗小行星为例，它们之间的距离是小行星直径的两倍，引力会把它们拉向彼此，但这个引力的大小比作用在两颗地球大小的行星上的力小多了。更小一些的物体，比如两粒豌豆，它们之间几乎根本不会显示出引力的吸引效果。

星系团CL0024+17周围有一圈暗物质，在哈勃空间望远镜拍摄的照片中表现为一片蓝色的云雾状物质。暗物质实际上无法被看见，但它所产生的强大引力能够揭示出它的位置。暗物质产生的引力会使空间发生弯曲，让它看上去就像一个巨大的隐形透镜。这个星系团周围的弯曲且模糊的星系，实际上是位于星系团后方的星系。它们发出的光线被星系团中的暗物质产生的引力效应放大和扭曲了。

星系会死亡吗？

以生为名的死亡

随着星系年龄的增长，它们会经历反复的碰撞和合并过程。当星系发生碰撞时，引力会导致尘埃和气体云团发生坍缩，从而形成大量新生恒星。最终，星系可能会耗尽全部的原始物质，才能结束恒星的诞生过程。

红色恒星和死亡恒星

年轻的大质量恒星会发出蓝色的光，它们的寿命并不长，很快就会以超新星爆发的形式在一场大爆炸中死亡。当恒星的形成过程结束时，较冷的老年恒星开始占据星系，这些恒星会发出红色的光。所以，一些年老的星系发出的光看上去都是来自于电磁光谱上的红色一端。

许多亿年过去后，星系中的绝大多数恒星将会变成白矮星和其他暗淡的天体。星系在临近死亡时，只有核心处会发光，因为那里残存的尘埃和气体云团还在形成新的恒星。当星系中最后一颗恒星死亡时，星系就会变成一团黑暗。

你知道吗？

由于暗物质的引力作用，旋涡星系中的所有恒星都以几乎相同的速度围绕星系中心转动。但是在太阳系里，距离太阳近的行星的转动速度要比距离太阳远的行星的转动速度快很多。

当恒星耗尽了所有的燃料后，它就会停止发光，变成一颗黑矮星，成为宇宙中飘荡的恒星余烬。

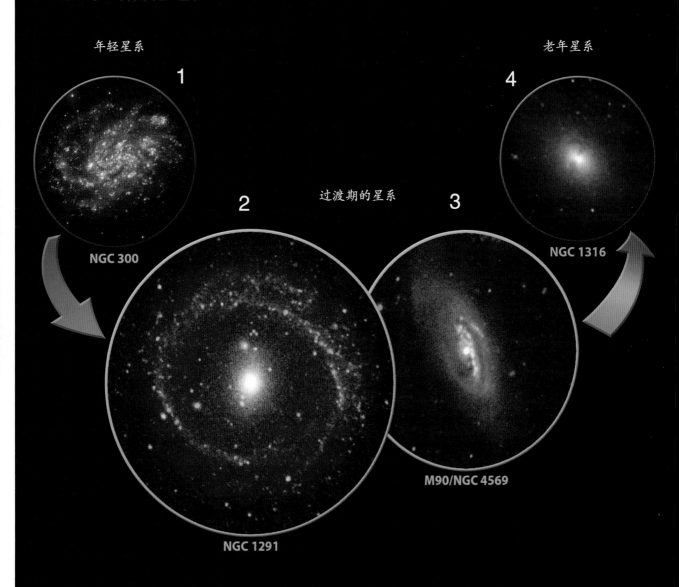

星系的演化过程

年轻星系

1

NGC 300

老年星系

4

NGC 1316

过渡期的星系

2

3

NGC 1291

M90/NGC 4569

　　星系会经历不同的演化阶段。NGC 300 (1)是一个年轻的星系，因为有大量新生恒星诞生而分外明亮。小一些的星系会经历星系NGC 1291 (2)核心处的情形，产生一个环状结构。M90 (3)中的气体被剥离，星系中的恒星形成过程大大减少。星系NGC 1316 (4)在经历了反复碰撞后，成为一个椭圆星系，它几乎没有残存的气体。

星系还有哪些未解之谜?

谁是第一个出现的?

　　恒星和星系，到底谁最先出现在宇宙中？在接下来的几年里，天文学家们希望能借助最新的性能更强大的望远镜，来观测宇宙中最早形成的恒星和星系发出的光。我们对星系形成方式的看法，将会因为这些观测结果而彻底改变。

　　另外一个天文学家继续探索的谜团是黑洞和星系谁先形成。天文学家现在已经知道，在几乎所有星系的中心，都有一个超大质量黑洞。这些黑洞的质量非常大，所以它们不可能由垂死的恒星直接形成。相反，它们很可能是在早期的星系形成过程中，由大量小型黑洞合并而成。然而，还有一些天文学家认为，这些黑洞可能是由发生坍缩的暗物质直接形成的。同样，天文学家将借助性能更为强大的望远镜来解开这些谜团。

瑞士天体物理学家弗里茨·兹威基于1933年首次提出暗物质存在的论点。他当时正在研究后发星系团，其中的星系正在围绕另外一个物体运动，但它们运动得太快，由星系中可见物质产生的引力根本不足以让它们聚集在一起。兹威基据此推断，由暗物质产生的额外引力将这些星系聚集在一起。

　　这是由环绕地球轨道上运行的哈勃空间望远镜和钱德拉X射线天文台拍摄到的4个大质量星系团发生碰撞的合成图像。目前，对于星系是如何形成的，科学家们仍然有许多未解的谜团。

星系仍然有许多未解之谜，包括它们是如何形成的，黑洞扮演了什么样的角色，以及暗物质的本质等。

星系和暗物质

天文学家认为，暗物质在星系的形成过程中扮演了至关重要的角色。但遗憾的是，科学家尚不清楚暗物质是什么。他们认为，暗物质是由一种还没有被探测到的粒子构成的。当科学家们解开暗物质之谜时，他们就会对星系和宇宙的本质有更多了解。

在艺术家的想象中，来自椭圆星系核心处的超大质量黑洞发出巨大的辐射冲击波。一旦黑洞成长到一定尺寸，它会通过加热和吹走星系中的气体的方式来终止星系中的恒星形成过程，因为这些气体正是形成恒星所必需的。

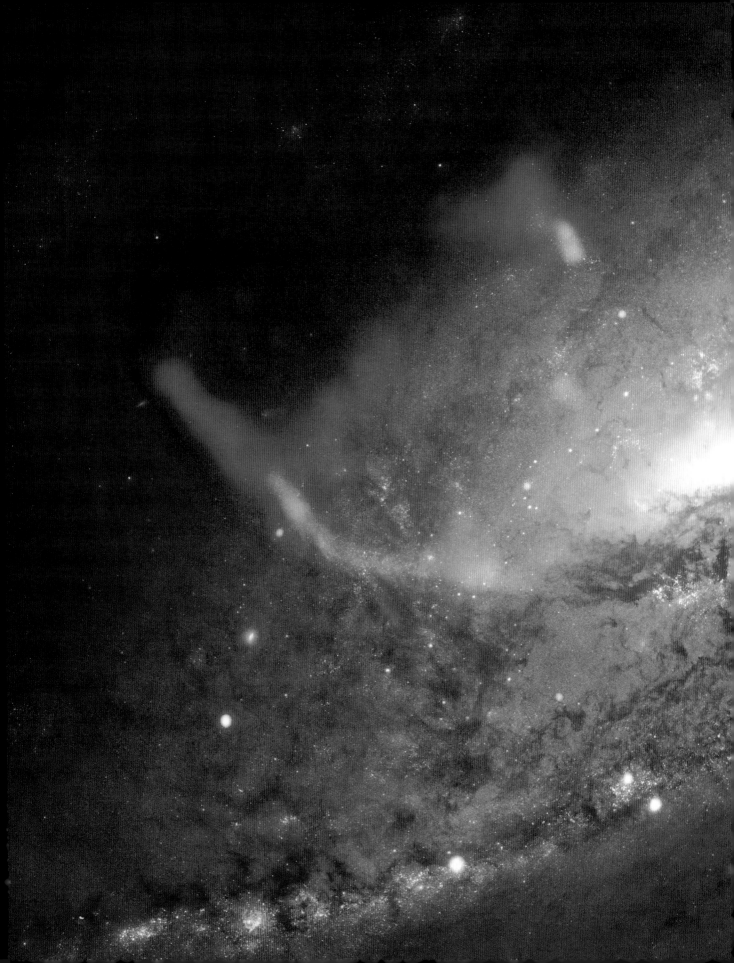

《璀璨的银河》

《黑洞及类星体》

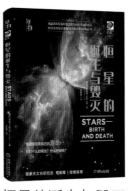

《恒星的诞生与毁灭》

《恒星的故事》

《漫游星系》

《神秘的宇宙》

《探寻系外行星》

《遥望宇宙：地面天文台》

《宇宙穿越之旅》

《宇宙瞭望者：空间天文台》